口袋气象系列 中国气象学会策划

曹静 著

讲风云故事
述卫星历史

气象出版社
China Meteorological Press

图书在版编目（CIP）数据

讲风云故事　述卫星历史 / 曹静著 . -- 北京：气
象出版社，2020.5（2022.6 重印）
　ISBN 978-7-5029-7111-3

Ⅰ . ①讲… Ⅱ . ①曹… Ⅲ . ①气象卫星 – 普及读物
Ⅳ . ① P414.4-49

中国版本图书馆 CIP 数据核字（2020）第 054305 号

Jiang Fengyun Gushi Shu Weixing Lishi

讲风云故事　述卫星历史

出版发行：气象出版社

地　　址：北京市海淀区中关村南大街 46 号		**邮政编码**：100081	
电　　话：010-68407112（总编室）　010-68408042（发行部）			
网　　址：http://www.qxcbs.com　**E-mail**：qxcbs@cma.gov.cn			
责任编辑：宿晓凤		**终　　审**：吴晓鹏	
责任校对：王丽梅		**责任技编**：赵相宁	
封面设计：博雅锦			
印　　刷：天津新华印务有限公司			
开　　本：710 mm×1000 mm　1/32		**印　　张**：4	
字　　数：80 千字			
版　　次：2020 年 5 月第 1 版		**印　　次**：2022 年 6 月第 4 次印刷	
定　　价：15.00 元			

观风测雨话卫星

气象卫星强大的宏观、动态、机动、细微观察的能力，使其成为现代最重要的观风测雨工具。有了气象卫星，人类就像在太空布了多只千里眼。作为全球综合地球观测系统的重要成员，风云气象卫星与欧美等国的卫星一起，对地球、大气、海洋和地表环境进行全球观测，国际影响力越来越大。截至目前，使用风云气象卫星数据的国家和地区数量已达100多个。

然而，在传播气象卫星发射、运行及其应用等科普知识时，我深深意识到，只有用接地气的、通俗易懂的语言及互动性强的展品展项传播这些高科技知识，才能取得事半功倍的效果。于是，30多年的"追星"经历和20多年的高科技传播积累就逐渐变成了一堂堂生动的"追星"课程、一本本"追星"图书和一个个"追星"项目。气象出版社负责宣传科普的编辑室还建议以口袋书形式呈现相关知识，因此，也就有了此书的诞生，在此表示衷心感谢。

前言

　　此口袋书以问答形式，解读风云气象卫星相关知识，是卫星航天知识普及的有效工具，也是卫星科普进校园、进山区、进农村、进社区的有力帮手！

2020 年4 月

前言

目录

第一篇　气象卫星的前世和今生

第二篇 一口气刷完17颗风云卫星

目录

目录

第四篇　卫星与百姓生活

第一篇

气象卫星的前世和今生

要想知道气象卫星是如何诞生的，就得从人人皆知的怪老头谈起。

❓ 人人皆知的怪老头是谁?

当然是变脸专家老天爷啦。这个不可理喻的老顽童,虽然平时和颜悦色,但常常一言不合就在各地频出"大招":"龙卷掀翻船只""冰雹砸坏庄稼""泥石流掩埋村庄"……都是他发脾气的例证。

怎样摸透老天爷的怪脾气？

为了摸透老天爷的怪脾气，人们想了很多办法。首先，长期观察他的细微变化和行踪（即监测）；其次，从蛛丝马迹中预测他下一步想干什么（即报准天气）；最后，将结果广而告之，提醒大家注意老天爷的情绪变化（即为人服务）。

 你知道古人用什么方法看天吗?

当然知道啦。听说我国商代后期（公元前13世纪至公元前11世纪），帝王常用甲骨占卜吉凶，占卜中关于风、雨、水等方面的卜辞就是最原始的看天方法。这种方法祖先们大概用了几千年之久呢!

经验预报和天气图预报分别指什么?

　　基于经验的概率预报称为经验预报。我国在两千多年前就总结出了二十四节气、七十二候、"三九"和"三伏"，还通过观察日、月、云、风、雾等自然现象的变化规律，总结出了在一定区域范围内有一定可信度的谚语。

　　1820 年，世界上第一张天气图诞生，拉开了现代天气预报的序幕。基于天气图出发的分析手段使天气预报技巧和准确率得到大大提升。

最具现代意义的天气预报指什么？

　　最具现代意义的天气预报，是指利用大型计算机"计算"出的天气，即数值天气预报。其原理是将大气运动的数学物理方程组以计算机语言的形式描述，在给定观测初值的条件下，通过计算求解答案。目前，数值天气预报水平已成为衡量一个国家气象现代化水平的重要标志。

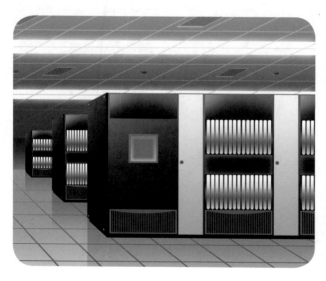

气象卫星是如何诞生的？

为了摸透老天爷的脾气，从古至今人类想了很多办法。虽然建设了地面观测场、高空观测站、自动气象站、天气雷达站等收集地球及大气数据，但由于海洋、沙漠等地区人烟稀少、设备不足，很多天气资料无法获取。那么，有什么方法可以观测地球上任何区域的天气状况呢？

第二次世界大战结束后，技术人员让火箭带上相机拍了很多高空大气的照片，气象学家认为这些照片对天气预报很有用，于是突发奇想弄个可以上天帮人类观测地球和大气的工具，气象卫星便应运而生了。

有了气象卫星，天气预报就会完全准确吗?

不会。天气预报属于预测科学，从科学规律讲，预测科学不可能完全准确或永远准确。天气预报也是如此。大气中存在一种叫"蝴蝶效应"的现象：南美洲亚马孙热带雨林的一只蝴蝶，偶尔扇动几下翅膀，可以在两周以后引起美国得克萨斯州的一场龙卷。而这一切即使在最现代化的模拟运算中也无法进行详尽的描述，也正是由于大气的千变万化，人类至今尚未完全认识和掌握大气运动规律。再加上云会掩盖其下方的很多秘密，瞬息万变，预报员免不了会漏掉局部特殊性的天气现象。预报了不发生（报空了）、没预报发生了（报漏了）的尴尬正说明预测老天爷的脾气的确是一件很艰难的事情。

世界上第一颗气象卫星的出生地是哪儿?

美国。在气象卫星领域,最早出道的是一颗名为"泰罗斯1号"的"国际名星",于1960年4月1日诞生于美国。它是世界上第一颗试验型气象卫星,那时的它携带着电视摄像机、遥控磁带记录器和照片资料传输装置,优雅地在700千米高的近圆轨道上绕地球转了1135圈,拍摄了22 952张美丽云图和地球照片后便英年早逝了。

❓ 是谁提出一定要发展我国的气象卫星?

周恩来。那是1969 年1 月29 日,一股超强冷空气侵袭了祖国大地, 华东、中南广大地区有线通信全部阻断, 人民生命财产遭受严重损失, 周恩来总理在听取有关单位汇报后明确指示:一定要采取措施, 要搞我们自己的气象卫星!

第一支气象卫星追星队伍是指什么?

1970 年5 月成立的只有4名成员的"311 组"是我国第一支气象卫星追星队伍。目前,这支追星队伍囊括了国家卫星气象中心从事中国气象卫星地面应用系统科研工作的全体人员。

🐛 我国气象卫星和风云卫星是一回事吗？

是的。我国的气象卫星全部取名"风云"，不仅浪漫，还饱含祝福。每谈到天气，人们自然会想到和缓的风、美丽的云，虽然也经常出现狂风暴雨等恶劣天气现象，但风和日丽、云淡风轻依然是最美好、最令人期盼的天气。所以，我国的气象卫星就是指风云卫星。

🐛 气象卫星也分帅哥和美女吗？

是的。气象卫星含极轨和静止两个系列，以单数序号表示的"风云一号""风云三号"属于太阳同步轨道气象卫星（即极轨气象卫星），在距地球表面800～1000千米的高度每天绕地球南北两极转动，仿佛是地球和大气的"巡警"，称"帅哥星"；以双数序号表示的"风云二号""风云四号"属于地球同步静止轨道气象卫星（即静止气象卫星），在距地球表面36 000千米的赤道上空相对地球静止，仿佛是地球和大气的固定"哨兵"，称"美女星"。

"风云一号""风云二号""风云三号""风云四号"是四颗卫星吗？

不是。它们是四种型号的卫星，每种型号包含若干颗卫星。截至目前，"风云一号"包含1988 年、1990 年、1999 年、2002 年发射的"风云一号"A、B、C、D 共4 颗卫星；"风云二号"包含1997 年、2000 年、2004 年、2006 年、2008 年、2012 年、2014 年、2018 年发射的"风云二号"A、B、C、D、E、F、G、H 共8 颗卫星。"风云三号"包含2008 年、2010 年、2013 年、2017 年发射的"风云三号"A、B、C、D 共4 颗卫星；"风云四号"目前仅有2016 年发射的"风云四号"A 星1 颗卫星。

"风云一号"

"风云二号"

"风云三号"

"风云四号"

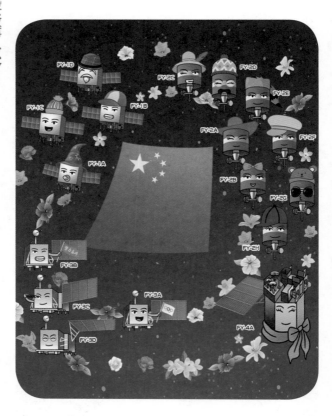

风云气象卫星有"娘家"和"婆家"之分吗？

有啊！气象卫星的"娘家"就是其研制单位——中国航天科技集团公司第八研究院，从"风云一号"到"风云四号"，他们共研制了17颗气象卫星。这些卫星上天后，须经过在轨测试，一切正常的话就被移交到中国气象局这个"婆家"手里，算是正式"出道"啦！

我国风云气象卫星的国际地位如何？

风云系列气象卫星被世界气象组织列入全球业务应用卫星序列，使我国成为世界上少数几个同时具有研制、发射、管理极轨和静止气象卫星能力的国家之一，现已形成与美国、欧洲气象卫星三足鼎立的局面。

我国的气象卫星发射计划有哪些？

根据《国家民用空间基础设施中长期发展规划（2015—2025年）》和《我国气象卫星及其应用发展规划（2011—2020年）》，未来我国还要发射9颗气象卫星。这些气象卫星的成功发射，将大大增强气象卫星监测天气、气候变化、环境变化、气象防灾减灾及为各行各业服务的能力。

第二篇
一口气刷完17 颗风云卫星

迄今为止，共有17 颗风云卫星正在太空闪耀或曾经闪耀过，它们的共性是：捕捉风云变化，感知地球冷暖。

横空出世的"四大天王"是谁？

这里的"四大天王"并非香港四大歌星，而是指"风云一号"A、B、C、D星，A星"首获风云第一波"、B星失控复原后带病坚持工作、C星太空下笔画神龙、D星潇洒健康长寿。对比香港四大歌星，它们具有的特质，分别跟出道最早的刘德华、跳舞最棒的郭富城、唱功最好的张学友、英俊潇洒的黎明真有几分相像。

点燃风云卫星时代的乖"宝宝"是谁？

当然是"风云一号"A星啦！它于1988年9月7日在山西太原卫星发射中心成功发射，填补了我国气象卫星的空白，一出场就拥有了跨年龄范围和跨国界范围最广的粉丝！发射当日，它"首获风云第一波"、收获"中国气象卫星第一幅卫星云图"，次日，云图就在中央气象台露面了，是真正点燃风云时代的首发卫星呢！

"风云一号"A星

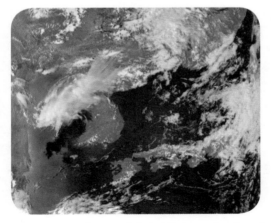

"风云一号"A星第一幅彩色合成图像（1988年9月7日）

为什么把"风云一号"A星称为"宝宝"？

无论从中国空间技术的发展，还是从中国的气象科学技术发展来说，"风云一号"A星的出现都具有划时代的意义。发射当日，国家领导人还发来了鼓舞人心的贺电。然而，"风云一号"A星升空39天后，地面站值班员发现其传回的图像发生扭曲，卫星沿滚动轴方向严重偏转，卫星姿态失去控制，整星失效。仅有39天太空生涯是把它称为"宝宝"的原因。

"风云一号"A星仅仅是个不完美的小孩吗？

绝对不是。尽管"风云一号"A星只有短短39天的太空寿命，但它在仅有的健康生命史内，用扫描辐射计拍了不少地球及大气的好片儿，用甚高分辨率传输（HRPT）、低分辨率图像传送（APT）和延迟图像传输（DPT）三种方式下传不少珍贵资料。特别是可见光云图，质量很高，博得国内外的良好评价，为风云卫星发展奠定了良好基础。

流浪太空78天后归来的是谁?

　　"风云一号"B星。在成功发射165天后,卫星失控。科研人员立即投入抢救,把原本留作他用的星上大飞轮当作一个大陀螺,使卫星太阳能电池阵能稳定保持在向阳面,以维持电源供应,继而利用地球巨大的磁场和卫星磁力矩器相互间的磁力作用来减缓卫星的翻滚速度,最后由测控中心发出一串串数据和指令,并注入星上计算机。当卫星遥感仪器的探测头终于再一次稳定地对准地球、地面站重新收到清晰如初的云图时,距卫星失控已过去了78天,流浪两个多月的"风云一号"B星终于重新回到了正轨,令人激动不已。

"风云一号"B星

体弱多病的"风云一号"B星做了哪些贡献?

恢复工作的"风云一号"B星虽然身体虚弱,但又在轨累计正常运行了285天,为我们积累了丰富的卫星在轨"生病"抢救及性能恢复经验。当时,我国风云卫星事业白手起家,没有人教我们如何去做,不通过实践凝练、不花代价便得到经验和知识是不可能的。"风云一号"B星为广大科研人员提供了宝贵的数据资料和实践经验,为风云卫星事业发展做出了巨大贡献。

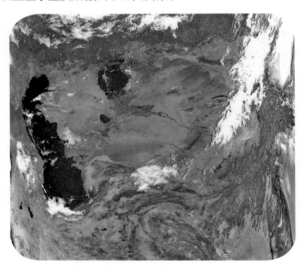

"风云一号"B星第一幅彩色合成图像(1990年9月3日)

谁一出生就画了条空前绝后的神龙？

"风云一号"C 星。1999 年 5 月 10 日，"风云一号"C 星登上太空舞台后传回第一幅卫星云图，看过的人一致认为这就是传说中的中国龙：白色的云和喜马拉雅山脉常年的积雪在绿色陆地、黄色沙漠、紫黑色水体的映衬下，龙头、龙眼、龙嘴、龙身、龙尾清晰可辨，栩栩如生，活脱脱一条盘踞在中国西部吞云吐雾的腾飞巨龙。C 星真可谓是"一遇风云画真龙"。

"风云一号"C 星第一幅展宽云图（1999 年 5 月 10 日）

 "风云一号"C星有啥本领，足以令人刮目相看?

浩瀚星空舞台上，"风云一号"C星可不止一上太空便画龙这么简单，它的探测通道多达10个，比"风云一号"A星、B星两位哥哥足足增加了一倍，再看它默默书写的多个"第一"传奇，不得不令人刮目相看。

• 我国第一颗业务用气象卫星。

• 我国第一颗被列入世界业务应用卫星序列的卫星。

• 我国第一颗达到设计寿命并远超设计寿命的卫星。

• 我国第一颗成功将老旧卫星用于空间实验的卫星。

"风云一号"C星

"风云一号" C 星长寿的秘诀是什么？

"风云一号" C 星摆脱短寿困扰终成长寿卫星，其"秘诀"是：

第一，设计师对"风云一号" C 星采用了冗余设计，所有关键仪器和元器件增加智能备份。

第二，面对太空舞台太阳风暴等恶劣空间环境，设计师为"风云一号" C 星穿上了"防辐射衣"。

第三，在元器件采购管理、入库检验、检测筛选和失效分析等众多环节严把质量关。

第四，上太空前，对"风云一号" C 星进行了长时间的魔鬼式训练，包括对关键单机进行了超过720小时的高温试验，对设计有缺陷、有问题的元器件及其他隐患加以改进，常规试验后，又对"风云一号" C 星进行了300小时的整星高温试验，使其练就了一身刀枪不入的本领，身体素质过硬是"风云一号" C 星长寿的关键。

 "风云一号"C星在太空战胜了哪些风险挑战？

"风云一号"C星在太空运行中，曾多次遭到太阳风暴、空间粒子等的干扰，但均安然无损。

2001年8月底，太阳发生了一次强烈的X射线爆发，"风云一号"C星不仅抗住干扰，保持正常运行，还成功记录下了太阳的这次射线爆发。

还有一次"有惊无险"的意外考验，由于地面指令的误操作，"风云一号"C星携带的扫描辐射计从正常状态被切换到了备份状态，有了"风云一号"A星和B星刻骨铭心的失控经历，大家寝食难安。令人欣慰的是，"悲剧"并没有重演。科学家用心铸造的"风云一号"C星经受住了外力和内力的双重考验，技高一筹、淡定从容地在风险中继续笑傲苍穹。

哪颗"风云星"抱着"海洋星"飞天？

"风云一号"D星。2002年5月15日，在山西太原卫星发射中心，"长征四号"乙运载火箭搭载着"风云一号"D星和"海洋一号"两颗卫星奔向太空。"风云一号"D星入轨3分钟后便捕获地球面貌，并建立稳定姿态，星上太阳能帆板随即打开，开始给卫星供电；在"风云一号"D星与火箭分离63秒后，"海洋一号"卫星继而与火箭分离，30分钟后，经多次变轨进入距地面约798千米的准太阳同步轨道。这个载入风云卫星史册的日子，标志着中国长期稳定运行的极轨气象卫星对地观测体系基本形成。

 "风云一号"D星最大的特点是什么？

长寿。四大天王中年龄最小的"风云一号"D星，和"风云一号"C星一样，摆脱了"风云一号"A星、B星的"短寿"困扰，身体素质大大提升，将寿命延长到10年以上。"风云一号"D星的完美发射、完美运行、完美结局和长时间为人类服务的本领成为其特色。

"风云一号"D星

"风云一号"卫星升级换代后变身成了谁？

"风云三号"卫星。跨代的"风云三号"卫星分3个批次。01批为两颗试验星，其中，"风云三号"A星于2008年5月27日发射成功，是颗"上午星"，"风云三号"B星于2010年11月5日发射成功，是颗"下午星"。02批为两颗业务星，分别于2013年9月23日和2017年1月5日发射成功。03批为多颗业务星，包括上午星、下午星、晨昏星和降水星。

 "风云三号"试验星在技术上实现了哪些跨越？

"风云三号"试验星在技术上实现的最大跨越是：单载荷变为多载荷，有效载荷达到11台；探测仪器最高空间分辨率从千米级（1.1千米）提升到百米级（250米）。另外，还有观测能力从简单的平面成像发展成垂直立体探测，玩弄大气温度和湿度的三维分布于股掌之上，给大气体检就像医生给病人做CT（计算机断层扫描），以及地面系统接收能力从国内拓展到国外。

为什么称"风云三号"A星为"奥运星"？

"风云三号"A星于2008年北京奥运会前夕发射成功，当时国际社会对北京的空气质量普遍关注，"风云三号"A星利用接收的数据反演北京的大气情况，首次推出大气污染状况、城市气溶胶、太阳紫外辐射和城市热环境等精细化的环境监测分析产品，证实了奥运年北京空气质量好转的事实，用科学数据打消了很多外国运动员的顾虑。奥帆赛开始前，它独具慧眼地监测到青岛海域的浒苔分布及漂流路径，使工作人员及时采取措施，确保了奥帆赛的顺利进行。北京奥运会期间，它对可能影响香港的台风云系进行跟踪监测，有效保障了奥运赛事的有序进行。所以，人们亲切地称其为"奥运星"。

成就"风云三号"星座观测的是哪颗星？

"风云三号"B星。2011年5月26日，"风云三号"B星正式交付给中国气象局。从此"风云三号"B星和"风云三号"A星开启了双星合璧、组网观测的新局面，使全球观测频次由12小时一次提高到6小时一次，监测时效提高了一倍。"风云三号"B星是我国发射的首颗极轨气象卫星"下午星"，形成了星座观测和上、下午双星同时在轨运行的格局。

"风云三号" A 星

"风云三号" B 星

 "风云三号"C星的巨大进步体现在哪些方面?

　　"风云三号"C星是升级换代后的第一颗业务卫星,比试验星"风云三号"A星、B星进步之处体现在两方面:一方面,探测仪器数量和性能都提高了,携带了12台遥感仪器,增带了全球卫星定位系统(GPS)掩星探测仪,可得到大气温、湿廓线的信息,可利用全球卫星定位系统、北斗卫星导航系统进行探测;另一方面,微波湿度计的通道从5个增加到15个,微波温度计的通道从4个增加到13个,地面系统的参数、反演算法也相应得到了优化。

"风云三号"C星

"风云三号"C星的国际影响力如何？

"风云三号"C星作为第二代极轨业务气象卫星的首发星，能让预报员更加清楚地看到台风、暴雨等天气系统内部的热力结构，对天气预报水平的提升有较大贡献；接替"风云三号"A星，并与"风云三号"B星组网观测后，为数值预报模式提供了更加稳定、优质，精度更高的数据和产品，部分气象探测器处于领先地位，在国际舞台上开始"领跑"。

 可鉴绿水青山的帅哥是哪个？

"风云三号"D星。它是目前极轨卫星系列中年龄最小、本领最大的卫星，也是国内首颗利用南极卫星接收站接收数据的卫星。90%的全球观测数据都能从观测之时算起，80分钟内传回国内，星地数据传输速率提高了30%，计算能力提高了17.5倍，数据存储能力提高了近10倍。2019年1月，它正式与"风云三号"C星形成上、下午卫星组网观测布局，虽然它没有新增搭载的仪器，但大气探测精度、气体监测、碳循环碳排放及生态研究均更加精细，其帅气程度又上了一个新台阶，这是毋庸置疑的。

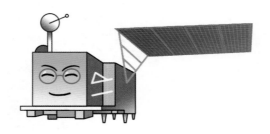

"风云三号"D星

"风云三号" D 星第一幅图像（2017 年12 月8 日，中分辨率光谱成像仪清成雷州半岛真彩色图像）

? 有多少"风云二号"卫星在太空闪耀过?

在太空闪耀过的"风云二号"卫星有A、B、C、D、E、F、G、H共8颗卫星。"风云二号"开辟了中国静止气象卫星历史的先河。大姐大"风云二号"01星在发射前8小时的模拟测试中被意外烧毁在测试厂房,不幸夭折,没能到太空崭露头角,所以不在"风云二号"系列8颗卫星之列。

? 太空卫星那么多,为什么还发射"风云二号"H星?

2018年6月5日,"风云二号"H星定点于东经86.5°赤道上空,应世界气象组织和亚太空间合作组织要求,7月28日,H星定点位置调到东经79°,使观测范围不但覆盖我国全境,还延伸至"一带一路"沿线国家、印度洋和大多数非洲国家,为其提供服务。虽然"风云二号"H星搭载的有效载荷没有变化,但进行了多项技术改进,是"风云二号"家族里可靠性最高、性能最稳定的一颗星,可满足"多星在轨、统筹运行、互为备份、适时加密"的业务需求,以及"一带一路"沿线国家的刚性需求。

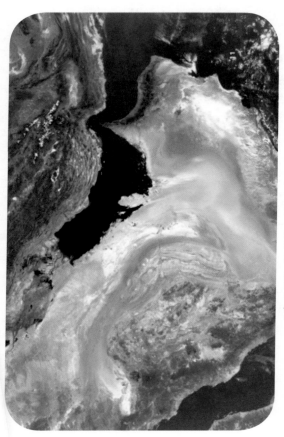

气象卫星监测阿拉伯半岛及中东地区图像

 "风云二号"卫星的性格特点有哪些？

　　"风云二号"系列众姐妹娴静地居住在地球赤道上空约36 000千米的家，与地球自转保持同步，它们主要有两个性格特点：一是勤奋，观测频次高，平时每半小时就向地面传输一张云图；二是专一，对同一地方连续观测。

 "风云二号"卫星的技术特点有哪些？

　　一是卫星载有可见光、红外和水汽3个通道扫描辐射计。二是自旋稳定。三是能实时向地面传输原始云图和空间环境监测数据，卫星上的3个通信转发器向各用户广播展宽云图、低分辨率云图，接收转发133个通道数万个数据收集平台的测量数据。四是卫星上有两套测控系统，一套是C频段的工程测控系统，另一套是S频段的业务测控系统，"风云二号"卫星是我国首次在静止轨道上使用S频段测控和通过三点测距进行定位的卫星。

"风云二号"系列哪些卫星堪称我国静止气象卫星的先驱？

　　"风云二号"A星、B星带着大姐大01星未竟的飞天梦分别于1997年6月10日和2000年6月25日登上了赤道上空35 800千米的舞台，但由于身体弱，"风云二号"A星消旋天线故障没有达到设计工作寿命，"风云二号"B星虽克服了消旋天线故障但下行信道信噪比降低，并且扫描辐射仪在观测南半球时运动部件摩擦力增加，在每年的春分日和秋分日前后各45天的星蚀期间不能向地面传输观测资料。"风云二号"A星、B星分别在运行3个月和8个月后失效。它们虽星途短暂，但为后来卫星发展积累了丰富经验，所以堪称我国静止气象卫星的先驱。

"风云二号"A星

"风云二号"B星

"风云二号" A 星第一幅可见光图像（1997 年 7 月 21 日）

"风云二号" B 星第一幅可见光图像（2000 年 7 月 6 日）

在轨互备双组网的业务星有什么特点?

2004年10月19日和2006年12月8日，"风云二号"C星、D星相继登上太空舞台，中国首次实现了静止卫星"双星运行、互为备份"。"风云二号"C星定位在东经105°赤道上空，比"风云二号"A星、B星新增加的热红外观测通道对高温热源的监视和云的识别等气象应用极为有用。"风云二号"D星定位在东经86.5°赤道上空，观测范围向西扩展了18.5°，能更好地支持、服务于国家西部大开发战略。另外，"风云二号"C星、D星时间分辨率提高了，它们的观测范围大约有80%重叠，重叠区的观测密度成倍提高。在汛期观测模式下实现了每15分钟获取一幅云图，这一对业务组合能在重大灾害监测中提供更丰富的科学信息。

"风云二号"C星　　　　"风云二号"D星

"风云二号"C星第一幅可见光图像（2004年10月29日）

"风云二号"D星第一幅彩色合成图像（2007年1月12日）

哪颗卫星在轨备份一年后成为了主力？

"风云二号"E星。2008年12月23日，"风云二号"E星进入预定的东经123.5°轨道，开始了在轨存储备份模式，这种确保气象卫星业务连续稳定的在轨储备关键技术属首次尝试。2009年11月25日，"风云二号"E星在发射近一年后漂移到东经105°赤道上空，成功接管了"风云二号"C星的业务任务，挑起了大梁。

"风云二号"E星

"风云二号"E星第一幅彩色合成图像（2008年12月30日）

"风云二号"C星不打主力后去哪儿了？

被"风云二号"E星取代主力位置后，曾经辉煌一时的"风云二号"C星飘到东经123.5°轨道上空备份，于2013年年初彻底告别舞台退役，进入寿命末期，默默地发挥余热。2014年3月，卫星专家们为它进行了一次全面体检并与发射初期状态做了对比，对设计寿命只有3年而坚持在轨10年的"风云二号"C星来说，其内脏（星载仪器）退化程度、老化规律为后续卫星研制贡献了智慧。2014年12月13日，在太空运行了10年零两个月的"风云二号"C星被推送到更高的轨道，依依不舍地和曾经一起奋斗过的星迷们做了最后告别。

哪颗卫星具备无级变速任扫描的能力？

"风云二号"F星。2012年1月13日，"风云二号"F星在四川西昌卫星发射中心发射成功，它与众不同之处真不少。其中之一便是眼睛更明亮，它携带的扫描辐射计增加了光谱灵敏度限制框，像给近视又散光的人配了一副特别合适的眼镜，视力得到很大提升。

"风云二号"F星

"风云二号"F星第一幅彩色合成图像（2012年2月6日）

？ "风云二号" G 星有何与众不同之处？

　　2014 年12 月31 日09 时02 分，备受关注的"风云二号" G星定点于东经99.5°赤道上空，作为"风云二号" 03 批第二颗业务应用卫星，它搭载的有效载荷和"风云二号" F 星一致，但进行了技术改进：一是进一步降低了由视场外地球目标引起的红外杂散辐射；二是进一步提高了黑体观测频次；三是进一步提高了后光路中主要光学部件的温度遥测分辨率。

"风云二号" G 星

目前最能代表风云卫星现代水平的是哪颗星？

"风云四号"A星。该卫星是于2016年12月11日发射成功的新一代静止气象卫星。"风云四号"A星定点于东经99.5°约36 000千米的赤道上空，和许多国内外静止轨道卫星成为邻居。它的出现，颠覆了人们以往对静止卫星娴静特点的认知，其在太空高调、出色的表现带给人们无限遐想。它无疑是这个时代令世界瞩目的焦点，使得我国风云气象卫星事业走在了世界前列。

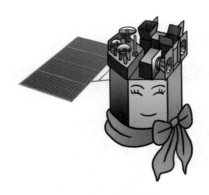

"风云四号"A星

 "风云四号"A星的迷之自信从何而来？

　　"风云四号"A星的自信来自科学家们为其量身定制的角秒级测量和控制精度的高轨三轴稳定卫星平台——SAST5000，该平台对敏感载荷的振动干扰降低至0.1毫克（大家用手轻轻叩击桌面的振动量约为300毫克），加上三轴稳定控制、双总线体制、高性能AOS技术、大功率电源、整星防静电、整星防污染等一系列关键技术，使其心明（卫星数据管理和数据处理的核心部件——数管计算机和数据处理器活力十足）、眼亮（在数万千米的高度可精准地看到地球上的河流山川、陆地海洋，而且把误差控制在1千米以内）。有了这些世界领先技术傍身，能不自信吗？

为什么把"风云四号"A星称为"能给大气做CT"的明星?

因为"风云四号"A星携带了干涉式大气垂直探测仪,这是国际上首个在静止轨道上以红外高光谱干涉分光方式探测大气垂直结构的精密遥感仪器。该仪器有1600多个探测通道,可对不同高度大气的红外辐射感知差异,就像CT切片一样,把晴空大气在垂直方向上进行切层,获得大气垂直方向上的精细数据。当大气垂直运动剧烈变化时,它能摸清大气垂直运动的"脉搏",推算出大气温度、湿度的三维结构和大气不稳定指数,提前抓住强对流的影子,及时对强对流天气的发生、发展做出判断。对于亟待进一步提高的精细化预报来说,垂直探测技术无疑是雪中送炭,因此,将"风云四号"A星称为"能给大气做CT的明星"一点儿也不夸张。

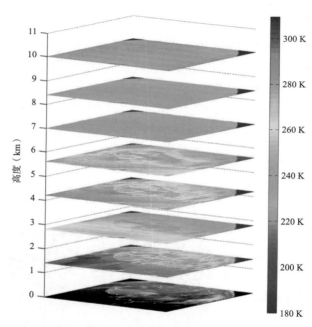

大气辐射亮温垂直分布图（来源：国家卫星气象中心）

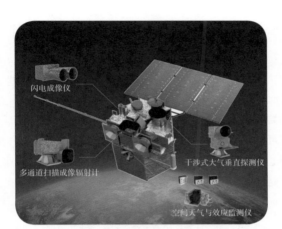

闪电成像仪

多通道扫描成像辐射计

干涉式大气垂直探测仪

空间天气与效应监测仪

干涉式大气垂直探测仪是"风云四号"A星的关键有效荷载之一

"风云四号"A星静止轨道干涉式大气垂直探测仪扫描模式示意图

听说"风云四号"A 星会抓闪电，是真的吗?

是真的。闪电成像仪被称作强对流天气的"示踪器"，为亚太地区首次研制并随"风云四号"A 星发射。然而，"抓闪电"并非易事，因为闪电持续时间很短，比人类眨眼的速度还快。"风云四号"A 星携带的闪电成像仪可对我国及周边区域的闪电频次和强度进行探测，对闪电500 次每秒的实时、连续观测数据与云图叠加起来，就能实现对强对流天气的监测与跟踪，进而发出闪电灾害预警。

目前地球和大气的御用摄影师是谁?

"风云四号"A星。要拍摄出一幅精美的作品,不仅要对焦准确,还要保持相机的稳定,卫星在轨道上观测地球,也要考虑振动对载荷的影响。从卫星云图作品中可以看出,"风云四号"A星拍摄地球及大气时心境沉稳和宁静,毫不夸张地说,它是技术最高超、视角最广阔、成像最清晰、工作最勤奋的地球及大气御用摄影师。

"风云四号"A星第一幅彩色合成图像(2017年2月20日)

目前我国在轨运行的气象卫星有多少颗?

我国已完成17颗气象卫星的研制和发射，现有7颗在轨运行，它们是"风云三号"B星、C星、D星，"风云二号"F星、G星、H星和"风云四号"A星。

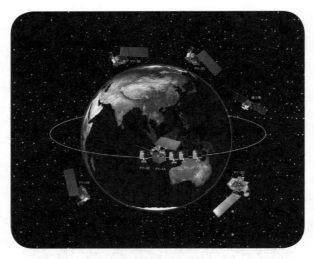

我国气象卫星在轨布局图

第三篇
风云卫星相关知识

8 个极轨兄弟扛着扫描辐射计等仪器，每天把整个地球的风云变化看个遍；9 个静止姐妹则时刻紧盯所辖区域的任何变化。

风云卫星有哪些好朋友?

帮助卫星实现遨游太空的梦想并将资料传到地面应用的好朋友,既有航天科技人员以及他们利用卫星生产的各种产品,也有卫星发射基地、长征系列运载火箭、卫星运控中心和地面应用系统。

我国卫星发射中心有几个?

目前,我国有酒泉、西昌、太原、文昌四大卫星发射中心。酒泉卫星发射中心是我国建设最早、目前规模最大的运载火箭和卫星综合发射场,被誉为"中国航天第一港",主要用于返回式卫星和神舟系列飞船。西昌卫星发射中心主要用于地球同步卫星和嫦娥工程,自1984年第一颗试验通信卫星发射以来,成功发射了几十颗卫星。太原卫星发射中心是"长征二号""长征四号"运载火箭发射的试验场,能发射大型运载火箭和中型运载火箭,并可将卫星送入太阳同步轨道。文昌卫星发射中心是新一代运载火箭和新型航天器的理想发射场地。

我国首颗人造地球卫星是何时发射的?

1970 年 4 月 24 日，我国首颗人造地球卫星"东方红一号"由"长征一号"运载火箭从酒泉卫星发射场发射升空，卫星准确进入预定轨道，将《东方红》的乐曲从太空传到了世界各地，由此开创了中国航天史的新纪元，使中国成为继苏、美、法、日之后世界上第五个独立研制并发射人造地球卫星的国家。2016 年 3 月，国务院批复同意将每年 4 月 24 日设立为"中国航天日"。

2020 年是"东方红一号"卫星发射成功 50 周年。中国邮政推出了《中国第一颗人造地球卫星发射成功五十周年》纪念邮票，邮票设计中地球背景正是地球御用摄影师"风云四号"A 星拍摄的照片。

《中国第一颗人造地球卫星发射成功五十周年》纪念邮票
（来源：中国邮政）

卫星发射基地是干什么的？

发射基地是卫星等航天器进入太空的出发地。火箭、卫星等上太空前，需要在发射中心各自的测试大厅进行包装（装配和测试），测试合格后，视天气情况再根据卫星的入轨窗口，决定是否加注燃料，待命发射。发射区的发射塔架工作平台可以180°旋转，塔顶上的吊车用来完成火箭、卫星的起竖、对接和吊装；塔底有一个支撑火箭的发射台和一个能耐高温、高速气流冲刷的导流槽。

我国气象卫星发射中心有几个？

目前，太原卫星发射中心和西昌卫星发射中心是发射气象卫星的基地。其中，太原卫星发射中心负责极轨气象卫星的发射，西昌卫星发射中心负责静止气象卫星的发射。

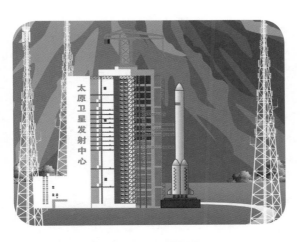

我国气象卫星运载火箭有哪些?

我国的运载火箭统称"长征"系列,风云气象卫星是由"长征三号"和"长征四号"送上太空的。其中,"风云一号"和"风云三号"八兄弟乘坐"长征四号"系列运载火箭到太空看风云变幻,"风云二号"和"风云四号"九姐妹乘坐"长征三号"系列运载火箭离开地球去观风测雨。

运载火箭携风云气象卫星发射记录

运载火箭	发射日期	载荷	轨道	地点	结果
"长征四号"甲	1988-09-07	"风云一号"A星	SSO	太原	成功
"长征四号"甲	1990-09-03	"风云一号"B星	SSO	太原	成功
"长征三号"	1997-06-10	"风云二号"A星	GTO	西昌	成功
"长征四号"乙	1999-05-10	"风云一号"C星	SSO	太原	成功
"长征三号"	2000-06-25	"风云二号"B星	GTO	西昌	成功
"长征四号"乙	2002-05-15	"风云一号"D星	SSO	太原	成功
"长征三号"甲	2004-10-19	"风云二号"C星	GTO	西昌	成功
"长征三号"甲	2006-12-08	"风云二号"D星	GTO	西昌	成功
"长征四号"丙	2008-05-27	"风云三号"A星	SSO	太原	成功
"长征三号"甲	2008-12-23	"风云二号"E星	GTO	西昌	成功
"长征四号"丙	2010-11-05	"风云三号"B星	SSO	太原	成功
"长征三号"甲	2012-01-13	"风云二号"F星	GTO	西昌	成功
"长征四号"丙	2013-09-23	"风云三号"C星	SSO	太原	成功
"长征三号"甲	2014-12-31	"风云二号"G星	GTO	西昌	成功
"长征三号"乙	2016-12-11	"风云四号"A星	GTO	西昌	成功
"长征四号"丙	2017-11-15	"风云三号"D星	SSO	太原	成功
"长征三号"甲	2018-06-05	"风云二号"H星	GTO	西昌	成功

为什么有些火箭带捆?

脱胎于弹道导弹的运载火箭其运载能力和控制精度非常关键。由于地球引力、大气阻力及火箭自身的结构等因素，单级火箭很难将卫星、飞船等重量级航天器送入预定轨道。尽管科学家们将几枚单级火箭像冰糖葫芦一样连成串儿（芯级），让它们通过自下而上逐级燃烧脱掉的接力方式将卫星送上天，但随着人类向深空走得越来越远，所需推力越来越大，火箭太长不现实，这就促进火箭向横向发展，在其周围捆绑一圈小火箭（助推器）。助推器与芯级的第一级并联，在工作时可以助推器先、芯级后，也可以二者同时。带捆的火箭变得强悍起来，可容纳更多推进剂，送更重的航天器上天。

我国哪些火箭带捆?

我国自"长二捆"之后，包括"长三乙""长三丙""长五""长七"，以及即将研制的"长九"在内，多数运载火箭家族的兄弟们都采用了捆绑技术。

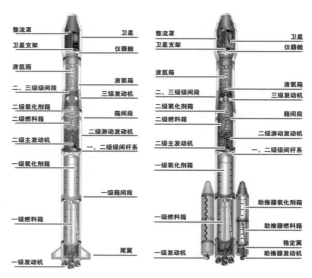

整流罩			卫星
卫星支架			仪器舱
液氢箱			
			液氧箱
二、三级级间段			三级发动机
二级氧化剂箱			箱间段
二级燃料箱			
			二级游动发动机
二级主发动机			一、二级级间杆系
一级氧化剂箱			
			一级箱间段
一级燃料箱			
一级发动机			尾翼

"长征三号"甲火箭结构示意图　　"长征三号"丙火箭结构示意图

整流罩 — 卫星
卫星支架 — 仪器舱
液氢箱 — 液氧箱
二、三级级间段 — 三级发动机
二级氧化剂箱 — 箱间段
二级燃料箱 — 二级游动发动机
二级主发动机 — 一、二级级间杆系
一级氧化剂箱 — 助推器氧化剂箱
一级燃料箱 — 助推器燃料箱
一级发动机 — 稳定翼 / 助推器发动机

长征火箭上太空前吃什么？

　　火箭的口味比较单一，它的"胃"就是燃料贮箱，从"长征一号"到"长征四号"，使用的燃料均为偏二甲肼，而氧化剂有硝酸、四氧化二氮。这些物质被称为常规推进剂，往往具有很强的腐蚀性和毒性，一旦火箭错过发射窗口，就不得不更换箭体。其最致命的弱点便是比冲小，运载能力低，难以帮助我们从近地迈向深空。现在"长征五号"火箭"喝"的是无毒的液氢与液氧了。它们通过火箭发动机燃烧，产生无毒无害的水蒸气，同时产生巨大的推力，把火箭推送到深空。

燃料

长征火箭有心脏吗？

火箭的心脏就是火箭发动机，它是由飞行器自带推进剂（能源）不利用外界空气的喷气发动机，在航天科技发展中具有举足轻重的作用。根据推进剂（包括燃料和氧化剂）的不同，火箭发动机一般可分为固体火箭发动机和液体火箭发动机。和固体发动机相比，液体发动机结构非常复杂，发射前的准备工作也异常烦琐，但由于其具有工作时间长、比冲大、推力易于控制、可重复启动等优点，因而被世界各国运载火箭广泛采用。

长征火箭是怎样组装出来的？

通常火箭被分段平放在地面上，整流罩、内部的火箭发动机与燃料贮箱也是其中的一段。巨大的燃料贮箱是用来装燃料的，是由装配工人钻进巨大的燃料贮箱一片一片焊接起来的。检查燃料贮箱有没有泄漏是关键技术问题，有两种方法：一种是使用X射线扫描；另一种是将整个燃料贮箱里充满氦气，然后用氦质谱仪器在焊缝周围扫描，如果在大气中测到氦元素，则说明存在氦气泄漏的问题。一切正常后火箭组装才算完成。

火箭发射前需要进行测试吗？

需要。火箭不像汽车，可以在实际道路行驶过程中测试性能，对火箭性能的测试只能在模拟实验室里进行，可以通过给火箭输入不同频率的振动来模拟火箭的特性。通俗一点说，就是相当于在火箭飞行过程中对它踢一脚或打一拳，看它会做出什么反应。这个需要在地面模拟实验室里得到相应的数据，然后找出答案。

卫星上天后会像断线的风筝难以控制吗？

不会！西安卫星测控中心是卫星的监护人，它就像如来佛一样管控着很多天上的孙悟空（卫星）呢！它不但有紧箍咒让卫星始终保持在轨道上正常工作，而且能让一颗忽然偏离轨道的卫星"迷途知返"；还可能让姿态（行为）失控的卫星恢复正常……风云卫星中的极轨和静止卫星有不同的监护人，西安卫星测控中心监控着极轨星的行踪，静止气象卫星则由国家卫星气象中心（NSMC）测控，等卫星"年迈体衰"时则由广州气象卫星地面站负责监控它们的晚年生活。

可以让卫星翻跟斗吗？

有读者听说我们会测控卫星，便好奇地问："你们能让太空中的卫星翻跟斗吗？"答案是："能，但不忍，也不敢！"其实，让太空中的卫星翻跟斗挺容易的，如果没有做好防护，测控时发错指令，就可能导致卫星翻跟斗，严重时可能会把卫星废掉。若真的因工作失误让卫星翻跟斗，那可不是闹着玩的，轻则受处分，重则丢饭碗呢！所以我们日常工作坚持的原则是：严肃认真、周到细致、稳妥可靠、万无一失。

卫星地面应用系统由什么组成？

　　传统的卫星地面应用系统通常由资料处理中心和多个地面站组成。目前，我国已构建起以北京、广州、乌鲁木齐、佳木斯4个国家级地面接收站和瑞典基律纳站组成的卫星数据接收网络，形成了以国家级数据处理和服务中心为主体，以31个省级卫星遥感应用中心和2500多个卫星资料接收利用站组成的全国卫星遥感应用体系，除接收风云系列气象卫星外，还接收利用美国、日本、欧洲等国家和组织的多颗卫星资料。

广州气象卫星地面站

 卫星地面应用系统起什么作用？

简单地说，地面应用系统就是个信息中心，负责卫星数据接收、通信、处理和应用。可形象地把它看作是取货快、加工精、送货快的快递中心。它将各种卫星的海量数据从外太空快速"取回"，并将数据整合到一个资源池内进行计算，传给数据用户，目前"风云四号"突破性地利用公有云实现卫星数据的实时传输和分发，以及数据的高效定制化推送。为保证数据准确性，地面应用系统须对卫星数据进行准确校准。

卫星在太空可以漂移吗？

可以。2009年11月25日08时，国家卫星气象中心运行控制室里，一幅意义非凡的卫星图像面世——这是"风云二号"E星成功地从太空东经123.5°漂移到105°后收到的第一幅图像，中国静止气象卫星史上首次成功实现了卫星漂移，"风云二号"E星正式接替了服役5年的"风云二号"C星成为监测主力，实现位置交换（漂移）和业务接替（主力更迭）。

卫星漂移到底是怎么回事？

卫星漂移是对静止卫星轨道控制的过程，是地面测控系统对太空飞行器的远程操控。通过地面发射遥控指令，卫星在接收命令后，从一个轨道位置运行到另一个轨道位置，通常是通过抬高或降低轨道高度，使卫星运行轨道周期与地球自转周期不同步，近似漂移。与汽车运动追求速度与激情不同的是，在卫星漂移之前，地面操控人员须把卫星经过的路途中所涉及的卫星运行轨道和工作频率弄清楚，以防止碰撞为目的进行安全分析和干扰分析，制定安全的轨道漂移策略。目前，静止轨道上有400多颗卫星，空间碎片更是不计其数。因此，要结合轨道控制的时间要求制定实施方案和相关预案，并提前通知所要经过的卫星操控方，避免"半路杀出个程咬金"。

卫星漂移有哪些步骤?

卫星漂移主要包括启动、漂移和定点三个过程。具体而言,就是在精确轨道和姿态测量的基础上确定控制参数,发送遥控指令,控制卫星携带的发动机点火,抬高或降低轨道高度,即启动离开当前轨道位置,以一定的移动速度进入漂移状态,在快到达定点位置时,进行刹车控制,使其进入同步轨道位置,即定点。静止气象卫星是在定点的状态下进行观测的,一旦卫星离开原来的轨道位置,漂移过程是不进行观测作业的,这意味着卫星将中断数据服务。

卫星漂移中可能会遇到什么危险?

卫星轨道漂移与定点工作涉及面广、操作复杂,包含卫星安全、卫星控制以及在漂移过程中与其他卫星管理部门的统筹协调等多方面内容。因为卫星在漂移途中不仅会遇到其他在轨卫星,同时也会遇到未知的碎片与垃圾。正常情况下漂移按章行驶,万一碰到路障要及时刹车,控制及协调相当关键,一不小心可能会撞到路障。因此,换卫星可不像球场换个队员那么简单。

 卫星漂移会挑选时间吗？

会！选择合适时间漂移非常重要。就拿"风云二号"C 星和 E 星来说，2009 年 8 月底主汛期结束时间恰好是静止气象卫星进入秋季地影的时间。为了保证"风云二号"双星地影期的安全，相关专家几经讨论，才确定漂移计划在卫星完全出影后进行。根据测算，"风云二号"C、E 双星秋季出影的时间分别为 10 月 11 日和 10 月 21 日，故最佳漂移时间敲定在 10 月 22 日。

"风云二号"第一次漂移用了多长时间才到岗？

　　"风云二号"E 星于2009 年10 月21 日开始漂移，经过30 天漫长艰苦的旅程，11 月22 日成功从东经123.5°漂移到东经105° 附近，并在25 日上场与D 星组网进行双星观测。C 星于2009 年11 月25 日09 时告别了坚守5 年的岗位启动漂移，直到两个月后的2010 年1 月底才漂移到位置，定点成功后退居二线。

群星闪烁的静止气象卫星为什么再次上演大漂移？

　　到了 2014 年，太空中"风云二号"D、E、F、G 四星虽依然闪耀，但现状是：D 星在轨连续运行超过 8 年，已不具备双星观测的能力；F 星承担机动区域加密观测任务，是发挥其效益的最佳选择；G 星性能最好，是作为主业务星的首选。这样，接替 D 星的任务就落在 E 星身上，于是这四颗卫星重新布局：G 星漂移至东经 105° 接替 E 星业务运行，E 星漂移至东经 86.5° 接替 D 星业务运行，D 星漂移至东经 123.5°，F 星继续留在东经 112° 的位置。这个布局实现后，"风云二号"气象卫星就形成了主汛期 G+E 双星加密观测运行，F 星继续发挥机动区域加密观测的优势，D 星就退居二线了。这样，"风云二号"静止气象卫星家族又要上演太空大漂移了。

"风云二号"家族漂移图

退役后的"风云二号"D星去了哪里?

为了配合西安卫星测控中心的漂移工作,在"风云二号"D星漂移前、漂移过程中及刹车定点前,国家卫星气象中心每周二还须进行24小时的连续测距,便于卫星轨道的确定和评估。在E星与D星成功交接后,D星于7月1日21时开始为期一个半月的长跑,于8月10日到达定点位置东经123.5°。从此,D星成为"风云二号"家族中的在轨备份星,交由广州气象卫星地面站进行在轨管理,并随时待命。

卫星业务在漂移中能实现无缝衔接吗？

能！"风云二号"G星和E星在国家卫星气象中心、西安卫星测控中心及各相关部门的共同努力下，在西安卫星测控中心的统筹调度下实现了无缝接棒。2015年5月23日08时，G星开始了为期7天的由东经99.5°漂移至东经105°的太空跑，为保证"风云二号"卫星在汛期内的加密观测气象服务不受影响，G星接替E星须实现业务的无缝隙衔接。这对我国风云系列卫星来说是一次前所未有的挑战。6月1日08时起，G星和E星进行共轨工作，完成了卫星观域调整、云图接收、准确定位、双星动画调整。

在经过48小时的努力后，6月3日08时，G星和E星顺利完成了业务无缝交接，G星正式投入业务运行，并在气象服务中发挥了重要作用。

双星漂移会像接棒一样存在风险吗?

是的。正如2015年6月3日09时, "风云二号"G星正式投入业务运行仅一个小时后, E星开始了漂移, 以接替D星。历经26天的长跑后, E星成功定点在东经86.5°。就在接手E星控制权, 准备对E星进行业务设置时, 西安卫星测控中心传来消息: E星转速超过正常值的1%, 其原因包括超寿命运行、器件老化、控制精度下降等。虽不会对卫星安全产生影响, 但对业务的影响还须进一步确定。此时离7月1日08时业务切换只剩下不到48小时, 幸运的是, 29日09时, E星开始获取新定点位置后的第一张云图, 北京地面站设备"DPL锁定正常""DPS工作正常""误码率为零""卫星回扫DPL锁定正常"……E星云图获取业务正常。因卫星转速超差带来的阴霾一扫而光。经过对云图定位精度进行反复调试, 7月1日08时15分, E星接替D星业务运行, 卫星业务交接收官。

太阳、地球、卫星的日常生活什么样?

很美好。在寻常日子里,卫星是地球眼中完美的人。卫星姑娘每天温顺地围着地球与其一起旋转。太阳也潇洒地在自己的轨道上运行,大家保持着美好的距离,各自快乐,相安无事。

但是,在发生日凌和星蚀期间,受影响的卫星会"身心俱疲",几乎无法正常工作。

日凌是什么？为什么日凌会造成通信中断？

根据字面意思来理解，日凌是指太阳欺凌，那么太阳欺凌的对象是谁呢？原来是玻璃心女王——卫星。每年的春分和秋分前后，太阳和地球会进入"热恋"，地球表面的天线在对准卫星的同时也对准了太阳，强大的太阳噪声使得卫星和地球之间无法正常交流，日凌（太阳欺凌卫星）中断便发生了，虽然日凌对卫星不会造成太大影响，但很显然会影响卫星姑娘的好心情。

星蚀（地影）会令卫星生活在地球的阴影里吗?

在春分和秋分前后的午夜，受了委屈的卫星躲开太阳和地球来到它们的背面。地球挡住了阳光，把卫星罩到它的阴影（地影）里（即星蚀），失去太阳充电的能源补给，卫星难以为搭载仪器提供充分的能量，这时，地面测控人员只好关闭其中一些仪器进行干预，直到卫星走出阴影区恢复元气。

地影到底是什么?

大家都知道,在阳光的照射下,每个人都能在地面投射出影子。相对而言,地球本身也有影子,地球自身投射在大气层上的影子就是地影。在卫星导航及精密定轨中,地影指太阳、地球和卫星运行至几乎同一平面时,受地球遮挡,卫星星体无法被太阳光线照射并感知太阳位置的现象。地影发生的时刻和持续时间与卫星的定点位置、轨道倾角有关。对于静止气象卫星来说,一年会有两次地影期,固定出现在太阳运行到赤道附近的每年春分、秋分前后分别约23天的凌晨,一年共有90多天。

地影会对卫星造成影响吗?

会。地影对人体不构成危害,但对卫星的探测控制、工作性能和效率、寿命等会产生较大影响。地影造成太阳无法照射到卫星上的太阳能帆板,从而导致卫星能源不足,各部件温度发生变化。地影期往往是卫星出现故障的高发期。在此期间,要关闭部分有效载荷,以满足卫星平台的能源需求,同时还要严密监视能源系统的工作状态,对卫星温控策略进行调整,并对卫星敏感器件进行抗干扰保护。

卫星入影时段地面系统需要做什么？

卫星进入地球阴影区，就出现星蚀。春分和秋分这两天时间最长，达 72 分钟之久。期间，卫星上的太阳能电池不能工作，靠蓄电池供电，但很多卫星无法携带足够大的蓄电池，为了保护静止卫星设备的使用寿命，同时保证卫星安全稳定运行，地面运行控制中心及指令数据接收站会密切配合，准时在卫星进、出阴影区前后准确无误地向卫星发送各种控制指令，如关、开卫星有关设备。此外，星蚀期间，卫星温度急剧下降，所获取的图像质量受到严重影响，每日午夜 00 时至 03 时会停止一切取图与转发业务。在卫星出影后，待温度恢复到 0 ℃以上且稳定平衡后地面系统才开始恢复正常工作状态。

 卫星轨道指的是卫星行走的轨迹吗？

是的。每颗正常运行的卫星在太空会按规定路线行走，卫星在太空走的路线和范围就叫卫星轨道。太阳同步卫星走南北两极绕地球运行的极地轨道路线；地球同步卫星在赤道上空走和地球相对静止轨道路线。极轨卫星满地球地捕捉全球变化的信息；静止卫星尽职尽责地观测地球约 40% 固定区域的变化。

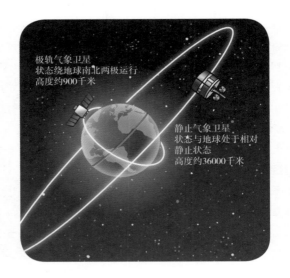

极轨气象卫星
状态绕地球南北两极运行
高度约900千米

静止气象卫星
状态与地球处于相对
静止状态
高度约36000千米

风云卫星的姿态都一样吗?

不一样。为了保证卫星传给地面云图的质量，卫星的太空舞台表演水平必须具有很高的稳定性。极轨卫星"风云一号""风云三号"与静止卫星"风云四号"采用的是三轴稳定姿态控制系统，唯独"风云二号"姐妹们采用的是卫星自旋稳定姿态控制系统。

什么是卫星自旋稳定？

自旋稳定是一种被动姿态稳定。卫星靠绕一个主惯量轴恒速旋转稳定。当它自旋角动量足够大时，在环境干扰力矩作用下角动量方向的漂移非常缓慢，这就是陀螺定轴性。利用陀螺定轴性，使自转轴自发保持稳定。自旋稳定的优点是实现容易，只需要火箭末级或星上起旋火箭工作即可起旋；缺点是卫星上质量必须对称分布，搭载的载荷道具受限，定向天线不易安排，姿控和轨控都比较麻烦。

什么是卫星三轴稳定？

三轴稳定就是卫星不旋转，星体在X，Y，Z三个方向上均稳定，也就是说卫星与地球保持一定的姿态关系。三轴稳定的优点是能适应绝大多数卫星应用，易于满足搭载物的定向要求，轨控容易实现，没有明显缺点，但对姿控系统（姿控推力器、动量轮等）要求会高些。

自旋稳定

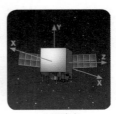

三轴稳定

卫星数据是如何接收和传输的？

要说清楚这个过程，就要看看卫星地面站每天都在做的事情。

计算机每天会根据卫星轨道参数等做出轨道报，算出卫星通过地面站的时间，站管系统则会统筹安排好地面站的天线、存储和传输等资源。

在接收任务开始之前，天线会预置到卫星过境初始方位，当卫星进入接收圈并开始发送电磁波信号后，接收系统会对信号进行全程锁定、跟踪，并对信号进行放大、变频、解调，同时将输出的卫星原始数据基带信号送到下一个目的地——数据存储系统，数据存储系统负责从看不见摸不着的卫星下行信号中，抽丝剥茧般提取出卫星基带数据，将基带数据以二进制数据流保存下来，为后续图像处理或数据分析提供可靠的原材料。卫星数据会通过传输线路（微波、通信卫星、高速光纤），从各个地面接收站传输到产品处理中心。再经过严密的几何纠正和辐射纠正处理，卫星数据就变成了平时在电视上看到的卫星云图等产品。

　　双频遥测信号接收天线（1988 年 9 月 7 日 04 时 30 分，"长征四号"甲运载火箭将星老大"风云一号"A 星准确送入 901 千米高度的太阳同步轨道太空。18 分钟后，广州气象卫星地面站收到星老大发回的双频遥测信号，这是中国气象卫星最早发回的信息。06 时 09 分，资料处理系统的图像终端上，出现了气象卫星发回的第一幅云图，这是一幅亚洲地区上空的卫星云图照片，从此"首获风云第一波"和"中国气象卫星第一幅卫星云图"就和它结下了永久之缘。）

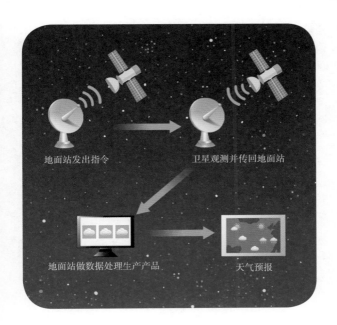

地面站发出指令

卫星观测并传回地面站

地面站做数据处理生产产品

天气预报

如何判断卫星收到的数据是正常的？

最直观的判断手段是将接收的卫星数据图像进行实时滚动显示，图像中没有误码点或者失锁线则说明接收正常，这时云图在屏幕上一帧帧呈现，感觉就像通过卫星上的镜头在实时观察地球。

卫星载荷指的是什么？

载荷是指卫星携带的各类遥感仪器，如扫描辐射计、微波温度计、微波湿度计、微波成像仪、空间环境监测仪器、全球导航卫星掩星探测仪、红外高光谱大气探测仪、近红外高光谱温室气体监测仪、广角激光成像仪、电离层光度计、中分辨率光谱成像仪、闪电监测仪等，这些仪器为卫星发挥作用提供了最好的支撑。

卫星发射窗口指的是什么？

发射窗口是指允许发射卫星的时间范围，是由航天任务和外界限制条件确定的。影响发射窗口的外界条件主要有天体运行轨道条件、卫星的轨道要求、卫星的工作条件要求，还有发射方向、地面跟踪测控和气象条件等。就航天任务来说，有三种发射窗口：一是年计窗口，是指以指定的某一年内连续的月数表示，适用于星际探测任务；二是月计窗口，是以确定的某个月连续的天数表示，适用于行星和月球探测任务；三是日计窗口，是以某日内某时刻到另一时刻的形式表示，适用于各种航天器。气象卫星通常采用的是日计窗口。

卫星云图是一种卫星产品吗?

是的。卫星产品包括数据产品和图像产品,卫星云图是卫星在太空中自上而下观测到的地球上的云层覆盖和地表面特征的图像。利用卫星云图可以识别不同的天气系统,确定它们的位置,估计其强度和发展趋势,为天气分析和天气预报提供依据。在海洋、沙漠、高原等缺少观测台站的地区,卫星云图所提供的资料弥补了常规探测资料的不足。

卫星云图上的奇特画面:图的右边似乎是一个人拿着水桶猛倒水!(这个像人的云团是2009年第9号台风"艾涛",而它泼水方向的"莫拉克"则成为台湾历史上破坏力最强的台风之一)

气象卫星云图怎样出来的?

与其说云图是卫星的产物,不如说是出自卫星搭载的各种探测仪器之手。卫星带着装备从太空对地球表面和大气进行监测,不过云图不是卫星在高空像照相一样"拍摄"下来的,而是卫星搭载的仪器对地球表面进行扫描,再通过通信设备将巡查观测数据传回地面站,利用计算机对这些数据进行处理后才成为大家看到的云图。

"风云二号"气象卫星云图

第四篇
卫星与百姓生活

你可能觉得气象卫星离我们很远，但当你知道每天电视里《天气预报》栏目中的卫星云图就是它的杰作时，你会惊讶地发现原来它早已渗透到我们的日常生活中。

卫星航天科技对我们的日常生活有何影响？

你可能觉得航天高科技距离我们很远，其实，航天科技与我们的生活早已息息相关并悄然渗透到我们的衣、食、住、行、用，改变了我们的生活。不信你看——

衣 不知从何时起，你逛服装市场时就突然听到促销员告诉你这是会呼吸的、绿色环保防辐射布料制成的衣服，其实这通常是利用航天服科技元素制造的产品。另外，宝宝们普遍使用的尿不湿，最早就是科研人员帮航天员解决如厕难题发明的，技术民用后，就给婴儿带来了舒适实用的尿不湿。

食 想必每个人都吃过方便面吧，如果不说可能没人会想到配料包中脱水蔬菜的制作也来自航天技术，因为航天员在太空要补充维生素才促使了脱水蔬菜技术的诞生，技术民用后也惠及百姓了。

住 很多建筑物的屋顶都装了太阳能电池帆板，所发的电不仅可供自用，多出来的还可送回电网赚钱。在太阳能电池技术的发展中，航天技术也做出了重大贡献。太空中的卫星、飞船和空间站要持续获得能源都要用到太阳能技术，气象卫星都带着太阳能电池帆板，稳定、高效的太阳能电池技术不但为卫星运转和工作提供能量，也推动了地球表面对太阳能的应用。

行　这几年，全球卫星定位系统（GPS）和北斗卫星导航系统给开车不认路的路盲朋友帮了大忙，人们基本不再为找路犯愁。高铁的飞速发展，夕发朝至的列车越来越多，人们的生活空间越来越广。

用　电脑、手机、数码相机、摄像机、地理信息系统（GIS）、遥感技术（RS）等的应用和普及，改变了人们的交流方式，打破了时空的界限，足不出户而尽知天下事。国与国、人与人之间的关系也更加密切，变得仅有一"鼠"之遥，地球俨然成了小小的"地球村"。为航天员设计的记忆海绵也让我们有了越来越舒适的睡眠。

卫星数据和云图如何为天气预报做贡献?

气象卫星搭载着各种仪器对地球和大气进行扫描,产出大量的卫星数据和云图(如可见光的、红外的、水汽的等),卫星数据可直接被同化到天气预报模式里计算并预测未来的天气,提高数值天气预报水平,卫星云图身上的五颜六色可用来识别天气系统或地物,判别其发展和演变趋势,例如,预估台风的位置、移动速度、最大风速、降水强度,图像动画能让观看者更清楚地了解云团的移动变化。其对天气预报的贡献用一句话概括就是:还原风云变幻,解读天气信息。

三台上场 共舞翩跹(气象卫星监测台风图像)

《天气预报》栏目背后有什么秘密？

走进《天气预报》栏目的演播室，大家会看到主持人对着空空的绿（蓝）色幕布比划来比划去，一本正经地介绍着全国或地方天气情况，而电视直播画面里百姓看到的就是主持人对着位置很准的卫星云图在预报，这是怎么回事呢？原来背后的秘密就是：绿（蓝）色幕布和卫星云图的合成是在录制时利用抠像原理直接完成的。其中最考验主持人的除了专业功就是指点功了，普通人第一次站在幕布前通常不能指出地图上的准确位置，有的甚至会南辕北辙呢！不信你去科普基地天气预报演播室试试，无一例外，第一次指都会偏差极大。

讲
风云故事
述
卫星历史

天气预报员如何解读卫星云图信息?

一般的可见光云图，上面主要有白、绿、蓝三种颜色。白色代表地球上空的云层，绿色通常代表陆地，蓝色（或黑色）则代表海洋。白色越浓表示云层越厚，云顶越高，在云层覆盖和即将覆盖的地方，可能会出现阴雨，甚至冰雹、台风。需要注意的是，寒冷地区如喜马拉雅山脉上空也呈白色，这里白色代表的是积雪。云高、云厚、云量都是天气监测和预报的重要内容，各种天气系统在云图照片上的表现形式各不相同。

🐾 台风能逃过气象卫星的双眼吗？

不能！自从有了风云卫星，只要有台风生成，卫星就会迅速捕捉到它的身影，然后密切跟踪它的移动，根据它和周围云系的融合判断其加强速度和移动路径，影响和登陆我国的台风无一漏网。随着卫星星载仪器越来越先进，再加上超级计算机测算分析，台风监测和预测精度越来越高。新一代静止卫星"CT"机能准确探测到台风的暖心结构，这对于预报员分析、研究台风的发生、发展和消亡过程至关重要。

能从卫星云图上分辨出暴雨云团吗?

能!下暴雨的云反映在卫星云图上是稠密的对流云团,属于中尺度天气系统。静止卫星云图是监视暴雨等中尺度系统的有效手段。

气象卫星可以从多角度监测中尺度暴雨,其中,云导风、多层中尺度动力、热力场反演、云分类、云内相态分布以及降水参数和下垫面特征的反演全方位展示了云团的发展特性。这些产品实现了利用卫星遥感反演出从大尺度到云尺度多空间尺度的监测目标,有的产品质量已达到在中尺度暴雨监测中应用的水平。

强对流云团监测图像

气象卫星能监测大雾吗?

能。我国每年的陆面交通中,高速公路大雾是影响公众出行和交通的重要因素,这要求气象卫星有更高的空间分辨率和时间分辨率。下图是 2008 年 5 月 17 日,"风云一号" D 星监测到的河北唐山、秦皇岛及辽宁、渤海等地出现的大雾天气,陆地上的大雾直到午后才逐渐消散。目前,气象卫星有效解决了我国北方辐射雾、云雾区分难题,但对南方平流雾的监测还有一定难度。

大雾监测图像

气象卫星能为监测城市热岛做什么？

因为城市与郊区的地面设施截然不同，各种消耗能源设施不停地散发大量热量，所以城市气温要比郊区高出一截，城市热岛反映在卫星云图上非常明显。气象卫星观测时次多、观测范围广、观测持续周期长，图像显示直观、易于分析，利用气象卫星红外热敏感通道遥感监测大城市热岛现象可行有效。

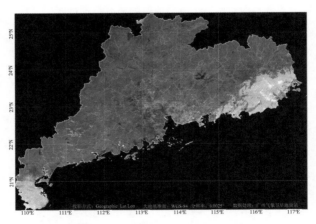

广东省城市热岛图（2014年10月4日）

卫星在研究气候变化中发挥什么作用？

在全球气候变暖的情况下，卫星遥感能带给我们更多的第一手资料。2008 年 7 月 16 日至 8 月 17 日，卫星监测到的格陵兰岛北极地区海冰分裂的过程。一个月的连续监测图显示，一个南北超过 200 千米的大冰块逐渐融化和崩裂。可见，卫星有助于研究气候变化对冰川的影响。

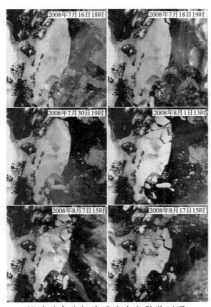

格陵兰岛北极地区海冰分裂监测图

为什么气象卫星被称为"森林卫士"？

1987 年 5 月 6 日，大兴安岭的 4 个林区发生火灾，大火燃烧了整整 28 天，101 万公顷的森林被吞噬。这场新中国成立以来最严重的特大森林火灾被气象卫星记录下来。当时在其他任何监测手段都不能有效工作的情况下，气象卫星在发现火点、监视火情，为领导决策、部署和指挥扑火及人工增雨等方面提供了依据和条件，发挥了重要作用。随着现代计算机技术和地理信息技术的飞速发展，目前森林火灾监测不仅可以自动判识、自动输出火灾信息，还能为灾后复绿动态提供科学数据，气象卫星成为公认的"森林卫士"。

为什么气象卫星能看到森林火点？

这是因为，气象卫星携带的探测仪器中有一个专门感应红外辐射的通道，对热源特别敏感，探测数据经计算机处理合成后显示为红色的火区、白色的云团、蓝色的烟雾、绿色的森林，而灰黑色是灭火后的痕迹。

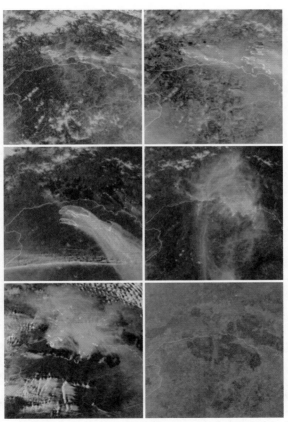

1987年美国NOAA气象卫星监控到的大兴安岭大火图像（分别是起火、蔓延、风助火势、燃烧、减弱、过火后的卫星监测图）

卫星能监测植被吗?

　　能。气象卫星探测仪可对地表的植被状况和土壤墒情等进行宏观、动态的遥感监测。掌握作物生长动态、评估作物产量、分析国家粮食安全,对预测粮食丰歉、制定国家粮食政策、抗涝抗旱工作都发挥了积极作用。

卫星对霾监测能发挥什么作用？

卫星遥感可以全方位监测区域大气污染，快速反映区域 $PM_{2.5}$ 的空间分布和变化过程，宏观地从"面"上观测空气质量。遥感监测还可以实现气溶胶光学厚度（AOD）、颗粒物（PM_{10}、$PM_{2.5}$）质量浓度、污染气体（SO_2、NO_2、CO 等）柱浓度等霾触发的重要物质源，对于霾预测预警有着极大的作用，为从区域尺度监管潜在污染源提供技术支持。

气象卫星怎么知道暴雨即将来袭？

相信每位读者都有过上班、上学途中突然遇到暴雨的经历，这种暴雨常常在小范围内发生，且持续时间短。常规天气探测网不易观测到这类局地短时天气系统，而气象卫星刚好发挥了作用，可及早发现并连续追踪暴雨、飑线、强雪暴等强对流危险天气的发生、发展。不过，客观地说，目前，面对越来越频发的极端暴雨天气，国内外气象卫星在监测方面还有力不从心的地方：一是空间、时间分辨率不够精细，对一些特别小尺度强对流云团上冲云顶特征连续监测和清晰识别有困难；二是在穿透云层看到云团内部获取的垂直运动信息还不够丰富。

气象卫星也是监测沙尘暴的工具吗?

是的。2008 年 5 月 27 日 06 时 32 分,气象卫星监测到位于中蒙边境的沙尘区,监测显示内蒙古自治区东南部、河北中北部、京津地区等地出现大范围沙尘天气,沙尘覆盖面积达 27.1 万平方千米。

气象卫星是监测沙尘暴的一种很有效的工具。从气象卫星资料中能提取沙尘天气的各种数据,有助于对沙尘暴天气发生、发展和移动过程的了解。沙尘暴的顶端与某些低云的亮度温度很接近,要从反射率的不同上来判识;沙尘暴与裸露的地表在反射率上很接近,要从亮度温度上的明显差别来判识。静止气象卫星综合运用分裂窗技术与光谱分类技术,从而减少了对沙尘暴的漏判和误判。

2008 年 5 月 27 日,卫星监测到的中蒙边境沙尘区

气象卫星在灾害天气台风监测中会缺位吗？

不会！在监测台风的天气监测网中最锐利、最神秘的"眼睛"就是气象卫星。自从使用气象卫星之后，台风无一遗漏地都被早早监测到。它从台风扰动胚胎阶段就开始严密监视，并且对台风形成中需要的环境条件进行全天候监测，结合其他预报工具的使用，有效延长了台风的预报时效，为提前采取措施防台抗台争取了时间，现在一场台风灾害过后海上无一船只翻沉、无一人员伤亡的例子越来越多。

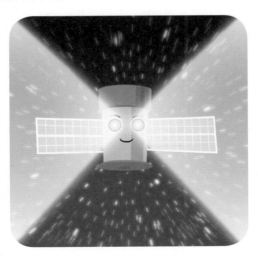

云图追踪高原地区天气系统带来的贡献有哪些?

一方面，发现了一些重要的天气现象和天气过程，揭示了高原天气系统活动的规律，改善了高原地区的天气分析预报状况，使人们对高原上天气系统的活动有了较清楚的了解，还发现影响东部地区的天气系统有不少形成于青藏高原或者由高原地区东移。另一方面，减少了漏报天气过程现象的发生，加上在国家气象中心的数值预报模式中，应用了大量卫星云导风、温度和湿度的垂直及水平探测资料、降水资料，弥补了广大海洋地区测站稀疏所导致的观测资料匮乏，提高了分析水平，改善了模式预报性能。

卫星云图可以带来艺术享受吗?

可以。卫星用载荷记录了自然的惊奇，表达了科学现象和规律，实现了非凡的艺术创意，给我们带来精彩的视觉体验。卫星云图的诞生，让我们对地球和大气的观察方式有了飞跃式的发展。科技与艺术所结合而产生的卫星云图，推动着我们对气象科学认知和对大自然审美认知的共同进步，在以科学思维审视艺术、以艺术眼光欣赏科学中享受一场绝美的视觉盛宴!

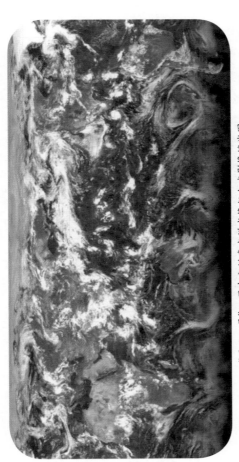

"风云三号" A星中分辨率光谱成像仪全球影像镶嵌图
（2008 年 7 月 19 日）

气象卫星眼里美丽的地球什么样?

除了陆地和海洋，从外太空观察地球，最富于变化的就是大气层中的云了，随着大气运动，云会产生各种变化，形成不同的图案，形态各异，异常美丽。

惊世独立 火眼金睛（气象卫星监测台风图像）

气象卫星眼里的中华大地长什么样？

蓬勃的湿地、不羁的沙漠、莽莽的林海、悠悠的草原、企望的高原、纵横交错的山脉、地上的银河冰川，这就是你我的家园，气象卫星眼里的地球和中华大地熠熠生辉。

横断山脉

渤海湾黄河入海口

你知道微信启动画面曾被更换过吗？

不知道？2017年9月25日17时，为了庆祝"风云四号"A星取得的重大技术突破，人们常用的手机通信软件微信的启动页更换了三天，吸引了十几亿人的目光。这三天的启动画面是"风云四号"A星传回的东半球高清气象卫星云图。仔细比较会发现，画面从原图中人类起源的非洲大陆过渡为华夏文明起源地，这是微信启动画面首次发生变化。在我国"风云四号"A星在轨交付的日子，微信启动画面换成了以中国上空为主的卫星云图，寓意从"人类起源"到"华夏文明"的历史发展。

微信启动画面的变化（2017年9月25日17时至28日17时）